U0363235

爸爸妈妈请回答

为什么
鱼儿不会
淹死？

和其他
有关动物的
重要问题

为什么鱼儿不会淹死？

和其他有关动物的重要问题

〔英〕安娜·克莱伯恩 著

〔英〕克莱尔·戈布尔 绘

王琼 译

中国大百科全书出版社

目录

究竟什么是动物呢?

当我们看见一只动物的时候我们都知道那是动物,但是你有没有想过,动物跟植物有什么不同,跟石头和矿物质又有什么不同呢?

动物和植物都是活的。它们都会有动静,会生长,并且对周围环境有感觉。植物长大依靠光照,而动物长大则需要吃东西:有的动物吃植物,有的吃其他动物,还有的动植物都吃。另外,动物可以四处活动——飞翔,奔跑,游水,爬行;而植物呢,只能待在一个地方。

几千年以来,我们看着跑来跑去的动物,提出了各种各样的问题。为什么我们不能飞?为什么动物不刷牙看着牙齿还那么好?小狗汪汪汪,小鸟啾啾啾,小牛哞哞哞,它们是在说话吗?要知道这些问题的答案,请一定要往下读!

动物们在这里生活多久了?

最早的动物比我们在地球上生活的时间要长多了!早在5亿年前,地球上就有动物在生活了。科学家认为,地球上最早的动物是生活在海洋里、像蠕虫或者昆虫一样的东西。然后漫长的时间过去,它们就变成了我们今天看到的那么多种类的动物了。

如果布尔吉斯页岩(这里含有大约119届140种海洋动物的化石)生物群落还活着的话,它们会是什么样子?

动物分为哪几类？

动物可以分成两大类。一类是无脊椎动物，就是没有脊椎骨的动物，像昆虫、蜘蛛、鼻涕虫、章鱼和水母等。还有一类是脊椎动物，就是有脊椎骨的动物，通常还会有一副骨架。脊椎动物又可以分成五类：鱼类、爬行动物（如蛇和鳄鱼）、两栖动物（如青蛙和蟾蜍）、鸟类和哺乳动物。

《蛙群》，作者：佚名，1851 年

我们也是动物吗？

当然啦！人类有脊椎骨，所以我们是脊椎动物。具体地说，我们是脊椎动物中的哺乳动物，我们最熟悉的许多动物（狗、猫、马、海豚和大象）都是哺乳动物。不过，我们最近的亲戚是类人猿：像大猩猩、红毛猩猩和黑猩猩这样的动物。你看它们的脸和手脚，跟我们的多像呢！

倭黑猩猩一家人

动物们的名字是谁起的？

如果你发现了一种新的动物，你就可以给它起名字！

这意味着你不仅仅是把它叫作"老虎""毛毛亲戚"或者"鲍勃"就行了（尽管你也可以这么做!），你还需要用**拉丁文**给这种新发现的动物命名。也就是说，尽管世界各地语言不同，但如果都使用拉丁文名称，那么动物学家就能确切地知道到底说的是哪种动物。

每个种类的动物都有自己的**专属名字**，即学名，由**两个拉丁文单词**构成。拉丁文是一种古老的语言，现在已经**几乎没有**人说拉丁文了。

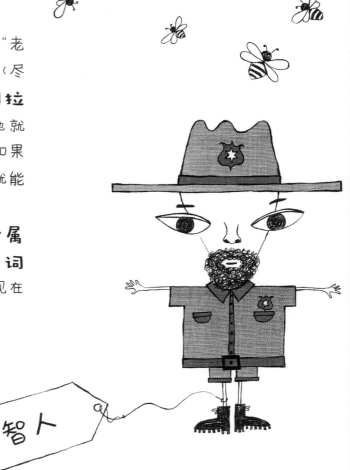

智人

Beyonce

快看，
这只苍蝇
有个金色的美臀！

有时，动物是以发现它们的人或知名人士的**名字**来命名的。例如，2011 年有一种苍蝇被命名为"碧昂丝马蝇"。它是以著名歌手碧昂丝的名字来命名的。据说是它金色的臀部让发现者立刻联想到了碧昂丝的一首名为《丰满》的歌曲，于是就给它起了这个名字。

碧昂丝马蝇

我们把相近的动物归到同一个科里。例如，老虎、狮子、猎豹和宠物猫都在猫科这个大家庭里面。尽管体形大小不一，但它们却有很多相似之处。

而且你知道吗，其实所有动物都是有亲戚关系的。黑猩猩和大猩猩可能是你血缘上最近的表亲，但是猫、鳄鱼、鸵鸟、龙虾和木虱这些动物也同样是你的亲戚哦。科学家们认为我们都是从最初的最简单的生命形式经过长期进化而来的，所以从这一点上说我们都属于一个大家庭哦。

《貂的茶会》，普隆基特和吉塔尔特，1851 年

你叫什么名字？

拉丁文学名听上去长得要命，又让人难以理解，但用来描述动物的特征是很方便的。举个例子，座头鲸（也被人们叫作"驼背鲸"）的学名叫 Megaptera novaeangliae，字面意思是"新英格兰的大翅膀"。它的"翅膀"指的是它巨大的鳍状肢，用来在大海中滑行，就像在飞行一样。那 Ailuropoda melanoleuca 是什么意思呢？它的意思是"有猫的爪子，黑白相间的颜色"。猜猜是什么？没错，是大熊猫啦！那 Homo sapiens 呢？这其实就是你哟！它的意思是"知识渊博的人"或"聪明的人"，也就是我们人类，也叫"智人"。

一只在吐舌头的大熊猫

了不起的新发现

我们已经知道了上百万种的动物，但科学家仍然每天都有新发现。发现的新物种通常非常小，比如某种甲虫或蠕虫。不过，有时科学家们也会发现一些更大的物种，2013 年科学家就发现了卡波马尼貘。

科学家们在宣布他们的发现之前，必须仔细研究这些新动物，确保它们确实是没有被发现过的物种。

新发现的卡波马尼貘

动物是从哪里来的呢？

如果所有生命都来源于一种生物，为什么我们现在有数百万种不同的生物呢？

这一切要归功于**进化**——也就是物种的逐渐**演变**。随着动物们四处活动，逐渐去往不同的地方或栖息地生活，它们就会发生缓慢的变化，逐渐变得不同起来。因此即使是同一物种，不同种群之间也有细微的不同之处。那些擅于在固定栖息地生活的动物往往**寿命**最长，往往也有更多的后代，并可以将自己的特征一代代传下去。所以慢慢地，动物会更加适应在特定栖息地的生活，然后不同栖息地的动物之间的**差异**也会越来越大。

看

你能找出那只蜥蜴吗？

　　这就是为什么海里有鲨鱼，而丛林中有猴子。鲨鱼的体形像鱼雷一样，可以在海中快速游动，因为它们有鳍和鳃；而猴子有手和灵活的长尾巴可以在树枝间攀爬。而且直到今天，动物们仍在**缓慢**地进化和演变，例如科学家已经发现了一些老鼠的进化。它们时常要面对来自人类的老鼠药的威胁，所以，在这样的生存环境下它们进化出了对老鼠药的免疫力。

我们的尾巴去哪儿了？
请翻到第16页

伪装的蜥蜴

我们为什么需要动物朋友呢？

　　我们的地球是一个完整的生态系统，包括植物、动物和其他所有的生物。它们是一个整体，每种生物都为其他生物提供食物，使整个系统得到平衡。

　　比如，小飞虫在花朵之间飞来飞去，可以传播花粉，帮助植物结出果实和种子，我们平时吃的水果就是这样长出来的。蚯蚓在土壤里钻来钻去，把泥土变得更松软，它的便便也让泥土更有营养，这样庄稼就可以茁壮成长啦。蝙蝠吃蚊子，像这样的动物可以减少害虫的数量。如果没有这些动物朋友们，那后果不堪设想！

蜂巢内的工蜂

蚊子对我们有什么用呢？

对我们来说，蚊子是一种讨厌的虫子。它们可咬我们的皮肤，吸取血液，给我们留下特别痒的大包，还会传播像疟疾一样致命的疾病。但是动物们生活在地球上可并不是以有益人类为目的的。它们之所以生活在这里，仅仅只是因为它们找到了生活和延续生活的方式而已。

如果某个地方可以找到吃的东西来维持生命，动物们就可以逐渐进化使自己更加适应这个地方。生物体在生态系统中生存所占据的自然空间叫作"生态位"。对蚊子来说，这个自然空间就是有人类居住的地方，在这个地方它们可以尽情享用美味大餐——我们的血。哎呀！

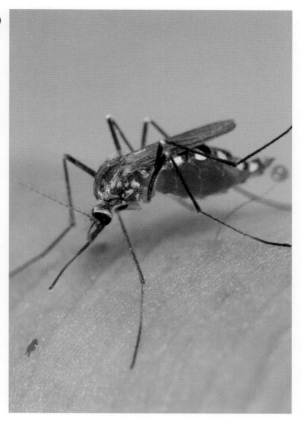

一只能够传播黄热病的花蚊子正在咬人

一只虫子的一生

到目前为止，我们已经发现了约120万种动物物种，其中约80%是昆虫！它们散布在世界各地，栖息在地球上每个角落。你有没有想过它们是怎么做到的呢？

虫子一般比较小，只要一点点食物就能生存。而且大多数昆虫会飞，遇到危险的时候还会叮咬和蜇刺。有些昆虫，如蚂蚁和蜜蜂，会很多很多只一起生活，能够相互帮助。当你把所有这些都加在一起，就会发现昆虫确实是动物世界中生存能力超级强大的一个群体。

《毛毛虫和飞蛾》，作者：佚名，1850 年

我们的尾巴去哪儿了？

猫、老鼠和猴子都有尾巴——你为什么没有呢？

其实你也有尾巴，只不过一般你看不到它。如果你能够看到一个人的全部骨架，就会发现在**脊柱**底部有一个小小的、像尾巴一样的凸起部分，它被称为**尾骨**。你并不能用尾骨帮忙做事情，就像使用手指那样，那它到底有什么用呢？我们之所以有尾骨是因为我们都是从有尾巴的动物**进化**而来的。

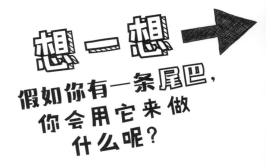

想一想

假如你有一条尾巴，你会用它来做什么呢？

在漫长的岁月里，物种的进化和演变都非常**缓慢**。人类从猴子一样的动物进化而来，那些动物最开始生活在树上，尾巴可以帮助它们攀爬。当我们的祖先开始**直立行走**之后，他们的尾巴变得不那么重要了，也就逐渐变小了。你的尾骨是进化之后"残留"的没什么用处的身体部位。

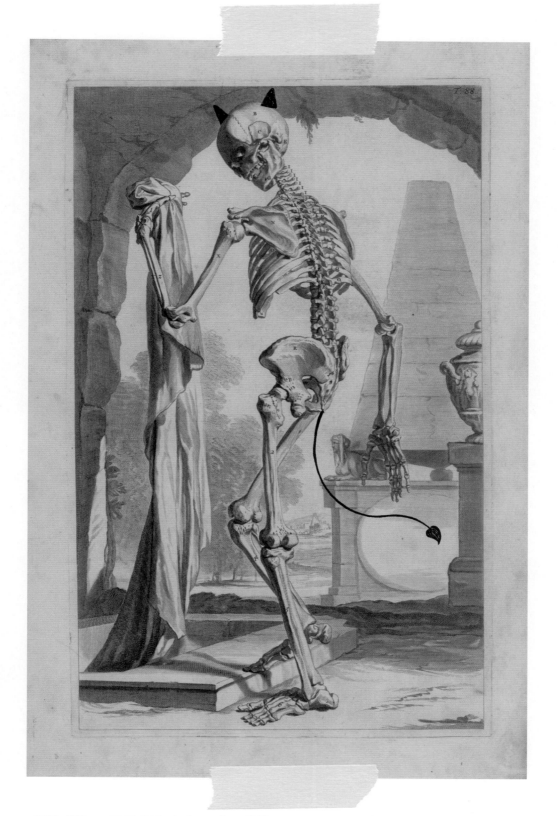

《骨架模型》，原画由杰拉德·德·莱雷西于1685年创作，这幅画是
皮耶特·冯·金斯特加工后的作品（加上了耳朵和那条尾巴）

另一个妈妈生的兄弟

　　这两个小家伙看起来几乎一模一样，但它们属于完全不同的科。南方飞鼠的家在北美洲，与老鼠有血缘关系。蜜袋鼯来自澳大利亚，是袋鼠的亲戚。为什么它们的长相那么相似呢？

　　动物进化时，为了更适应周围的环境，它们的身体就会逐渐发生变化。这两种动物都生活在树梢上，都进化出了飞膜，就是展开上肢后在体侧形成的皮肤褶皱，可以帮助它们在丛林间滑行。所以……它们就长得很像啦！

飞鼠（上图），蜜袋鼯（下图）

长长的脖子

　　长颈鹿从鹿进化而来，鹿是短脖子的动物，而鹿需要吃树叶生存。当树比较高时，只有脖子较长的鹿才能吃到更多的食物，所以长脖子的鹿会更容易存活下来。随着时间的推移，长脖子的鹿会变得更强壮、寿命更长，并且能生下更多的宝宝。动物们会将它们的特征遗传给宝宝，所以就有了更长脖子的长颈鹿。随着不断地进化，长颈鹿的脖子比它们的祖先长了十倍呢！

《长颈鹿》，作者：佚名，1850 年

要不要当一只蜜蜂 这真是个难题

　　嗡嗡嗡，蜜蜂在花丛中飞来飞去，给蜜蜂宝宝们采集食物。在这个过程中，一朵花的花粉黏在它们身上，可能会洒落在另一朵花上。如果这两种花属于同一物种，那么花朵就可以利用这些花粉产生种子，并长成新的植株。

　　随着时间的推移，花朵会进化从而产生更多的花粉来吸引蜜蜂，蜜蜂会进化出毛茸茸的身体，这样就更容易使花粉黏在身上。花和蜜蜂一起进化，帮助彼此生存。

在花朵中忙着采集花粉的大黄蜂

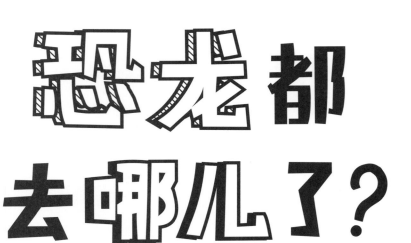

恐龙都去哪儿了？

恐龙是一种非常奇妙的动物，它们生活在史前时代，体形巨大。

如果现在还能看到恐龙生活在我们的周围，那就太好了！可惜我们错过了它们的时代。大约在6 600万年前，它们就已经**消失**了。动物灭绝，就意味着这个物种不复存在了。

猜一猜 →
这只恐龙的午餐是什么？

关于恐龙灭绝的原因说法不一。其中最广为流传的说法认为是由一颗大型小行星**撞击**地球所导致的。撞击导致天空长时间地被灰烬和尘埃所笼罩，因为缺少阳光，植物难以生长。像梁龙这种大型的食草性恐龙就逐渐**饿死**了，而肉食性的恐龙也因为缺乏猎物而逐渐饿死。

恐龙并不是唯一灭绝的动物，许多其他物种在那时也都灭绝了。如果一个物种失去**食物来源**或者维系生存的**栖息地**，它们就有可能消亡。

梁龙

尽管我们从来没有见过任何恐龙，但由于化石的存在，我们还是知道了很多关于恐龙的知识。生物死去后的身体或生物的印记会遗留在岩石中，这些岩石就被称作化石。

动物死后可能形成化石。动物身体柔软的部分会腐烂，但坚硬的部分（如骨头和喙）会保持很长时间。有时候，它们被泥土、沙子或淤泥覆盖，逐渐被压扁，骨头里面的有机物慢慢被周围泥土、沙子中的矿物质所取代，最后变成坚硬的石头，也就是化石。不过虽然骨头里面的成分变了，但它的形状仍保持不变。也正是因为这个原因，我们才知道了那些关于恐龙的秘密。

化石里的事实

菊石（已灭绝的头足动物，与螺近缘）化石

濒危的动物

像这只老虎一样，现在许多动物都有灭绝的危险。这通常是人类造成的，比如乱砍滥伐破坏动物的栖息地，或者为了动物的皮毛或其他身体部位而对动物进行大规模捕杀。

为了保护濒危动物，我们把一些地区设为野生动物自然保护区，试图减少污染和人为破坏，并制定禁止捕猎濒危动物的法律。

苏门答腊虎

人类会灭绝吗？

这个问题问得好！不过我们自己也不知道，但通过研究历史，我们可能会有一些线索。看看以前存在的物种就会发现，像我们这样的哺乳动物往往会存在数百万乃至千万年。类人生物已经存在了大约两百万年，所以如果我们幸运的话，我们还可以继续存在很长时间呢——但是我们也可能终将灭亡。不过话说回来，我们这么聪明，说不定我们可以想出办法避免灭亡呢。

欧洲古人类尼安德特人的模型

我的猫可以只吃素吗？

人类是唯一一种可以自主选择食物类型的生物。

　　大多数动物都是遵循它们的本能。如果你看到一只飞蛾被蜘蛛网困住并即将成为蜘蛛的大餐，你可能会为这只飞蛾感到难过。但是，所有的动物都要吃东西。食草动物以植物为食；食肉动物以肉为食，也就是吃其他动物。大多数人类都是**杂食动物**，这意味着我们既吃植物也吃动物（当然，除非你是素食主义者）。

找一找
哪只猫
贪多
嚼不烂呢？

《猫饲五十三图》，歌川国芳，1850 年

　　每个动物物种都已经进化成吃特定类型的食物，并具有帮助摄食的身体特点。例如，蜘蛛生下来就会织网，并有强大的咬合力帮助它们杀死猎物。猫会**本能**地追赶和捕捉行动敏捷的小动物，用尖锐的爪子和牙齿抓住它们。猫出于本能捕食老鼠、鱼等小动物，是肉食动物。不过，猫偶尔也会吃青草，那是为了**催吐**排出吞进体内的毛发。

动物也要便便吗？
请翻到第 64 页

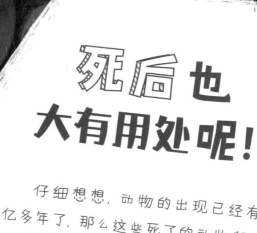

死后也大有用处呢!

仔细想想, 动物的出现已经有 5 亿多年了, 那么这些死了的动物都去哪里了? 现在它们的尸体应该堆积如山了吧? 幸运的是, 事实并非如此。因为动物死后, 它们的身体被分解并成为诸如蚂蚁、苍蝇、细菌、霉菌和蘑菇之类生物的食物。剩下的部分在土壤中腐烂, 帮助植物生长。所以动物尸体中的能量又回到循环的开始, 再次得到使用。

《水果和花朵装饰》, 达维茨德·海姆, 1660-1670 年

随着植物的生长，它们吸收阳光的能量，并储存为化学能量——即储存在植物中的卡路里。当动物吃掉这些植物时，化学能量会传递到动物的身体中，供动物行走和呼吸。如果这只动物被吃掉了，能量又会传递给吃它的动物。这种一级一级地吃和被吃的关系（捕食关系）被称为食物链。能量沿着食物链移动或流动。这就是生命的循环！

食物链

植物、坚果、血液、内脏

如果植物不存在了，那些以它们为食的动物就会消失。吃肉的动物也会随之陷入困境，因为它们以食草动物为食。事实上，植物为地球上几乎所有的生命提供了生存基础。这是因为植物不用吃其他东西，而是通过吸收和利用太阳光中的能量就能生长。它们的某些部分能够成为动物们的食物——如叶子、花朵、果实、坚果和种子。如果失去了植物，那我们将大难临头！

吃叶子的毛毛虫

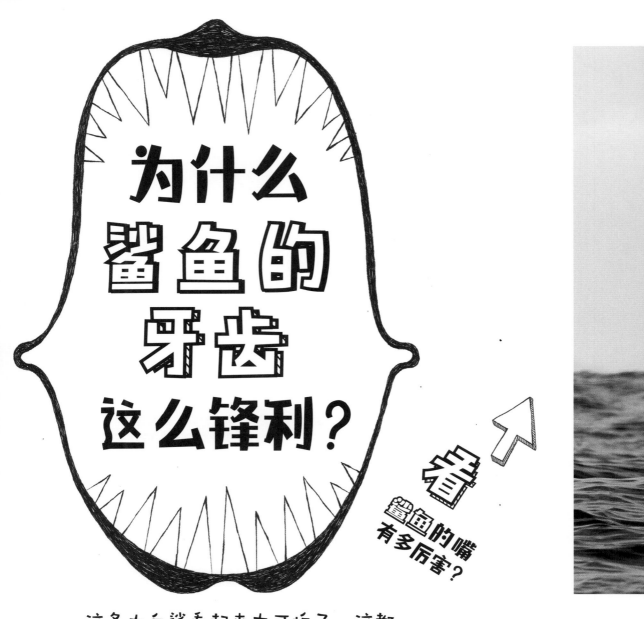

为什么鲨鱼的牙齿这么锋利？

看
鲨鱼的嘴
有多厉害？

这条大白鲨看起来太可怕了，这都是因为它那排巨大的、像刀一样锋利的牙齿！

所有的鲨鱼都是**食肉动物**，这意味着它们以其他动物为食。那些被食肉动物拿来填饱肚子的动物被称为猎物。食肉动物必须通过捕猎来获得食物，因此它们的身体进化出了抓捕和杀死猎物的工具：可能是巨大的牙齿、可能是有力的上下颌、还有可能是锋利的爪子。

对于鲨鱼来说，牙齿是重要的捕猎工具。

正在捕食海豹的大白鲨

鲨鱼**没有**大爪子或钳子可以抓住滑溜溜的鱼或蠕动的海豹，所以它用牙齿来捕猎。鲨鱼会用牙齿紧紧咬住猎物，不让它逃走。然后，咔嚓咔嚓嚼几下，就把它吞进肚子里了。

　　并非所有的鲨鱼都有巨大的牙齿，鲸鲨就不需要用牙齿去咬它的猎物。它是**滤食动物**。它在水中缓慢地游动，大嘴一张喝下一大口水，然后闭上嘴巴，通过打开它那筛子似的鳃盖把水排出，把鱼、虾和浮游生物留在嘴里，这样就可以美餐一顿了。

为什么动物不刷牙？
请翻到第 40 页

29

兔子"眼观六路"

当我们仔细观察一个捕食者，比如老虎，我们会看到它的眼睛是朝向前方的。而像兔子这样的被捕食者，它们的眼睛是长在头部两侧的，可以看到不同的方向，为它们提供了非常宽阔的视野。一只兔子可以看到前方、两侧甚至后方，这样能及早发现靠近的捕食者，然后快速逃走或躲藏，这就是为什么我们很难靠近野兔。

兔子眼睛里看到的景象

一顿腐烂的午餐

秃鹫是食腐动物——它们以其他动物吃剩下的、腐烂的动植物为生。它们可以闻到两千米以外动物尸体的气味。如果我们吃了不新鲜的食物，就会食物中毒，但秃鹫的胃中有很多强酸，可以杀死大部分腐烂肉类中的危险细菌。

正在吃腐食的白背秃鹫

有很多凶猛的捕食性动物, 比如鳄鱼、狮子和巨蟒, 似乎都不太喜欢吃人。动物吃人的事情偶尔会出现, 但这极其少见, 甚至它们可能并非有意的。例如, 鲨鱼有时会攻击冲浪者——但专家认为这是因为鲨鱼将冲浪板的形状错认为是美味的海豹。

人类是动物的美食吗?

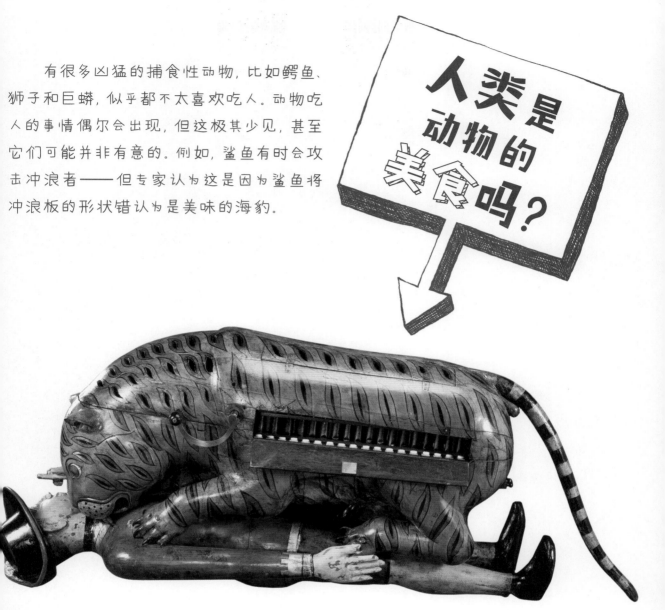

但是有一个地方, 人类是动物的美食。在横跨印度和孟加拉国的孙德尔本斯地区, 老虎有捕食人类的习惯。没有人知道为什么, 因为世界其他地方的老虎似乎都不喜欢吃人!

《蒂普的老虎》, 来自印度的雕刻钢琴, 1793 年

我能和蛇交朋友吗?

其实你如果能接近眼镜蛇的话,你就可以拥抱它,但这是一个非常糟糕的想法。

眼镜蛇和许多蛇一样,冲着人咬一口就有可能使其**没了小命**。它们的两个大前牙是空心的,无比锋利,与头部两侧装有致命毒液的毒囊相连,就像医生的针一样,能够将**毒液**注射到猎物的身体里。

看,一个长着毒牙、超级危险的家伙!

眼镜蛇想发动攻击的时候，往往行动**迅猛**，快速向猎物咬去，将牙齿插入猎物体内并注射毒液。除非马上得到医治，否则毒液很可能会在**一个小时内**让猎物窒息而亡。

毒蛇利用它们的毒液杀死猎物或使其麻痹，通过这种方式获取食物。至于其他动物，包括人类，即使不是它们觅食的对象，一旦被认为是有**威胁**的，那它们就会发动攻击。在有些地方，每年有数千人死于毒蛇咬伤。

五大湖丛林一只发动攻击的毒蛇

蛇都是黏糊糊的吗？
请翻到第 54 页

世界上 最致命的 一蜇

那么哪种动物是最致命的呢？ 大多数专家认为，第一名非箱型水母莫属。它是一种几乎透明的小型水母，生活在澳大利亚和东南亚温暖的海水中。箱型水母蜇刺时，它的触须紧紧抓住受害者，向其体内注入大量的毒液。毒液的毒性非常强烈，几分钟内就能杀死一个人，只有及时就医才能幸免于难。

箱型水母和戴着防护手套的潜水员

"扎人"的相遇

另一个你不会想接近的动物就是豪猪。它们浑身被尖锐的刺所覆盖，每根刺上都有倒刺。如果这些刺碰到你，它会从豪猪身上脱落并扎进你的皮肤里。

豪猪的刺是会持续生长的，所以它的刺脱落之后还会再长出新刺来，不会弹尽粮绝。豪猪通常会向前冲过去，用它们的刺来击退饥饿的捕食者。一些豪猪会把身上的刺晃得沙沙作响，向敌人发出警告。

《普通豪猪》，作者：佚名，1850年

千万不要摸它哦！

一些有毒动物，比如蛇，是通过向受害者的体内注入有毒物施展本领。其他一些有毒动物，比如这种金毒镖蛙就不用注射毒液的方式，因为它们身体本身带有毒性。它们的身体所带的毒素能够杀死或伤害那些试图捕食它们的其他动物。金毒镖蛙皮肤上含有致命的超级毒药。哪怕只是碰一下它，你就会感到非常痛苦，甚至有可能丧命。太可怕了吧！

金毒镖蛙

为什么鱼儿不会淹死？

如果你在水里呼吸，那后果将不堪设想！

那是因为人类和其他哺乳动物一样，需要呼吸空气才能生存。**所有的动物都需要氧气**，水里和空气中都有氧气，但我们的肺只能从空气中吸收氧气，而无法在水中吸收氧气。鱼可以在水下生活，并从**水里**获得所需的全部氧气，这是因为鱼是用**鳃**呼吸的。当它们在水中呼吸时，鳃就会从水中提取氧气。

为什么鱼儿没有眼皮？
请翻到第 51 页

鱼呼吸的是溶解并混合在水中的氧气。

有时候，鱼也确实会被淹死！如果水中没有足够的**氧气**，鱼就会窒息死亡。如果鱼离开水暴露在空气中同样也会死亡——除了一些特别的物种，如肺鱼和弹涂鱼，它们在空气中和水中都可以呼吸。

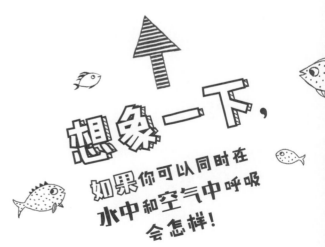
想象一下，如果你可以同时在水中和空气中呼吸会怎样！

气喘吁吁的弹涂鱼

憋气冠军

    鲸需要潜入海中寻找食物，这意味着它们必须擅于憋气。它们确实很厉害！例如，座头鲸可以在水下待40分钟，而蓝鲸可以待一个多小时。不过最厉害的还是深海潜水王柯氏喙鲸！有记录表明，柯氏喙鲸在水下可屏住呼吸长达137分钟——那可是整整2小时17分钟啊！

柯氏喙鲸

海豚和蓝鲸同属鲸类，有时看上去像是头部在喷水，但其实并不是这样。它们都是哺乳动物，没有鳃，不能在水下呼吸，所以它们必须呼吸空气。为了能更便捷地呼吸空气，它们通过头顶上的一个孔呼吸。这个孔被称为呼吸孔。当它们浮出水面时，会快速呼吸，这样呼吸孔里残留的水就被吹到了空气中，形成了我们看到的水柱。另外，海豚和蓝鲸这样的鲸类呼吸中的水蒸气也在冷空气中凝结，雾气蒙蒙。喷出的水柱和蒙蒙的水蒸气，从远处看就像是一座喷泉！

《鲸》，作者：佚名，1850 年

像喷泉一样的鲸类

会呼吸的皮肤

青蛙和蟾蜍是两栖动物。两栖动物是一种奇怪的动物。婴儿时期它们有鳃，就像鱼一样在水下呼吸。长大后，大多数两栖动物的鳃会消失而肺会长出来，所以它们可以呼吸空气——但它们仍然可以在水下呼吸！因为它们可以通过皮肤吸取水中的氧气。青蛙的全部皮肤就如同一只巨大的鳃，它可以获取周围水中的氧气。

《牛蛙》，作者：佚名，1850 年

为什么动物不刷牙？

你肯定听过无数次——如果你不好好刷牙，你的牙齿就会被蛀坏并且脱落。

但我们好像从没看到过动物刷牙。那它们为什么不会有蛀牙呢？事实上有以下几个原因。

首先，我们人类会吃很多**损害**牙齿的食物，大多数动物并不吃这些食物。导致蛀牙的细菌喜欢含糖食物，但兔子只吃植物、老虎只吃生肉，它们不会吃容易引起蛀牙的甜甜圈或碳酸饮料。

一只张着大嘴的河马和帮它刷牙的鱼儿

其次就是有些动物完全不需要担心牙齿问题。老鼠和其他啮齿类动物的牙齿会**不断**生长和磨损,所以它们的牙齿不会老化和腐烂。鲨鱼的牙齿每隔几周就会**脱落**,随后又长出新的。有些动物确实会清洁牙齿——只不过不是用牙刷。河马在水下张开嘴巴,鱼会清理掉牙齿周围的污垢和虫子。这样鱼儿们获得了一顿美餐,河马的牙齿也变干净了!

当然,有些动物从一开始就没有任何牙齿。蜜蜂和蝴蝶用**吸管**般的嘴汲取含糖的花蜜。它们没有牙齿,所以也没有什么好腐烂的!

说一说

你会让鱼儿清洁你的牙齿吗?

求求你，帮我把跳蚤抓出来！

正在帮人梳理的猴子

在动物园里，你可以看到猴子或黑猩猩会成群结队地坐在一起，相互帮忙把对方身上的跳蚤抓出来，有时候还会把这些跳蚤塞进嘴里吃掉。这是为什么呢？

这种行为被称为社交美容。猴和猿是群居动物，它们需要清理身上的跳蚤、虱子和皮毛污垢，而在清理时总有自己够不到的部位，所以需要相互帮助。这也是群居动物之间加深感情、表达彼此间友谊和关爱的一种重要方式，而人类则是通过拥抱、聊天或大声欢笑来增强彼此间的感情。

动物会出汗吗？

人类可以通过流汗帮助身体降温，但是大多数动物并不会像我们一样出汗，甚至不是所有的动物都会出汗。不过它们也有一些汗腺——例如，猿通过腋窝流汗；狗和猫通过它们的爪子出汗，这样可以保持爪子湿润，增强抓力；马在快速奔跑的时候，汗水会湿透全身，马的汗水中含有一种像肥皂一样的物质，所以有时候马的身上像是有泡沫一样。

《运动中的马》，埃德沃特·迈布里奇，1878 年猫咪通过舔舐来清洁自己，包括它的屁屁！舔舐是它们给毛皮、爪子和屁屁做清洁的唯一途径。当你的猫坐下来并在全家人面前开始给自己做清洁的时候，这场面会非常不雅观！更糟的是，有时它还在客人面前这样做。但对猫咪来说，这再正常不过了，而且有益于它们的健康，像狮子和豹子这样的野生猫科动物也是如此。它们通常不会因为这样做而生病，因为它们吃生肉，所以它们的身体很擅长对付各种细菌。

正在自我清洁的猫咪

我的猫咪为什么舔它自己的屁屁？

变色龙是什么颜色?

变色龙以其变色能力而闻名，许多人认为它们这样做是为了与环境融为一体，伪装自己不被天敌发现。事实上，并不是这样。

变色龙可以改变自身的颜色，因为它们拥有特殊的**皮肤细胞**。这些细胞里含有微小的晶体，通过改变晶体的模式和位置，它们的皮肤可以**反射**不同波长的光线，从而呈现出不同的颜色。

J tf xsiqegn. Q'h ntm hicyx, Ypu cenbqt swRwt? Dmu'v lzxk, Tyfs ih ndt le, rafhk j owiqyz. E gm pnvisYbke!

44

它们需要**几分钟**才能完成全身变色，并不是一下子就可以变好的。它们改变颜色通常是为了**传递信息**，而不是与环境融为一体。雄性变色龙变成明亮的红色或黄色吸引雌性，并警告其他雄性。当感觉冷时，变色龙的皮肤颜色会变暗，因为较暗的表面会吸收周围更多的热能，帮助变色龙的体温升高。

在**放松**的状态下，许多变色龙是绿色的，这能让它们在绿叶环境中更好地伪装自己。

常见的变色龙

看，多么花哨的变装秀！

动物会传递信息吗？

请翻到第 86 页

消失的把戏

　　有一种动物可以瞬间改变颜色以适应周围的环境。不仅如此，它们还可以改变形状和质地，从光滑变成凹凸不平的、尖利的或波浪起伏的。这就是章鱼！比起变色龙，章鱼在快速伪装上更胜一筹。它们非常善于隐藏，你根本不可能在珊瑚礁或杂草丛生的海床中找出它们。还有一种叫作拟态章鱼的动物，它甚至可以将自己伪装成完全不同的动物，如海蛇或鱼。

伪装前后的章鱼对比

穿着"隐身衣"的身体

真正优秀的伪装可以使动物几乎消失在背景中。但是，有没有完全看不见、完全透明的动物呢？答案是，没有陆地动物能够做到这一点,但是在水中,有些动物几乎是隐形的。

这些几乎隐形的动物包括一些浮游生物和水母,它们没有骨头或外壳,身体由清澈的、淡蓝色的胶状物组成,大部分是水。正因为如此,它们可以像水一样透光,所以我们很难看到它们。

从身体底部看到的玻璃蛙

这只棕色的、黏黏的家伙是什么?

能够伪装成叶子、难辨真假的竹节虫

竹节虫不会改变颜色,但它们非常擅长伪装,它们会让自己看起来像棍子、树枝或者植物的茎。哪怕你正盯着几只趴在植物上的竹节虫,可能你都找不到它们。进化(请翻到第16页)可以帮助动物们拥有这种令人称赞的伪装本领。最像棍子的竹节虫生存能力最强,因为捕食者几乎无法发现它们。竹节虫也在不断进化,随着时间的推移,不论是哪个品种,竹节虫的伪装本领在不断精进,简直可以以假乱真。

蝙蝠真的"看"不见吗？

你听说过"像蝙蝠一样瞎"这句话吧？但蝙蝠真的看不见吗？毕竟，它们在黑暗中可从不迷路。

　　真相就是，所有的蝙蝠都有眼睛，并且可以看到东西。事实上，有些蝙蝠有**非常好**的视力，远胜人类，比如被称为"飞狐"的大果蝠。

想一想

你可以通过听声音来找到食物吗？

48

一只巨大的菊头蝠正在追逐飞蛾

　　许多小型蝙蝠夜晚外出捕猎飞虫，这时没有光，它们几乎看不见任何东西，所以不依赖眼睛。蝙蝠会使用**回声定位**，它们在飞行时会发出非常尖锐的声音，人类通常无法听到，这些声音遇到周围的物体就会像回声一样**反射**回来。不同的物体反射回来的声音也不同，蝙蝠通过分辨回声，可以知道诸如树木和墙壁等物体在哪里，并能感知到它们的形状和纹理。如果物体处于运动中，蝙蝠还能感知它们的动态。而且，它们就是依靠回声定位来追踪和捕捉半空中的飞蛾等猎物。

猫头鹰睡觉吗？请翻到第 56 页

夜视

夜间的美洲豹

猫和其他一些动物，包括鳄鱼、狼和海狮，在眼睛后面有一个部位叫作脉络膜（tapetum lucidum，英文直译是"明亮的地毯"）。它是一个细胞层，就像是放在视网膜后面的一面明亮的镜子，在眼睛后部可以感知光线。光线穿过视网膜，触到脉络膜，然后被脉络膜反弹回来，使视网膜上的细胞再次感受到同样的光线。这有助于动物在夜间或深暗的水中看得更加清楚。

睁开你的第三只眼睛

我们人类有两只眼睛，很多昆虫有五只眼睛，大多数蜘蛛有八只眼睛！但有三只眼睛的动物却非常罕见。有一种源自新西兰的蜥蜴就有三只眼睛。除了两只正常的眼睛之外，它的头顶还有第三只"颅顶"眼。一些蜥蜴、青蛙和鱼也有这样的眼睛。"颅顶"眼的上面有皮肤遮盖，但是可以感知光的强弱。

另一种有三只眼睛的动物是恐龙虾，一种像小虾的动物，它的拉丁学名叫 Triops，就是"三只眼睛"的意思呢。

喙头蜥

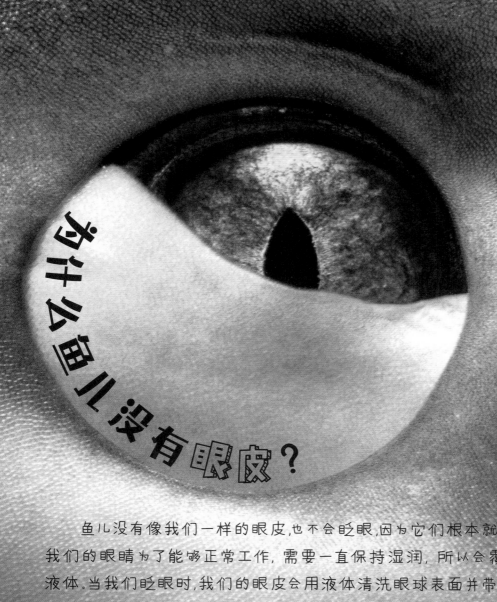

为什么鱼儿没有眼皮？

鱼儿没有像我们一样的眼皮,也不会眨眼,因为它们根本就不需要。我们的眼睛为了能够正常工作,需要一直保持湿润,所以会覆盖一层液体。当我们眨眼时,我们的眼皮会用液体清洗眼球表面并带走灰尘。但由于鱼生活在水下,它们的眼睛本来就是一直湿润的,所以不需要眼皮。然而,鲨鱼确实有一种特殊的眼皮,称为瞬膜。它们在攻击猎物时瞬膜会覆盖眼睛,避免眼睛受伤。

鲨鱼瞬膜的特写镜头

为什么动物不穿衣服？

大部分哺乳动物的毛发都比人类的毛发浓密。

哺乳动物全身都有**皮毛**，皮毛可以帮助它们保暖，尤其是在夜晚。冷血动物不需要保暖！我们是哺乳动物，我们也喜欢温暖，那为什么我们没有那么多毛呢？

你见过穿着衣服的**青蛙**吗？

为什么人类的毛发少？科学家有几种解释。一种说法是毛发稀疏可以减少有害的跳蚤和虱子或者防止体温过高。另外一种说法是可以帮助我们**游泳**，因为游泳和潜水曾经是早期人类寻找食物的重要方法。

因为人类学会了盖房、生火和穿衣，皮毛变得越来越不重要。但是，宠物狗和宠物猫也住在我们舒服的家里，它们却依然有皮毛！这或许可以用**进化**是需要很长很长的时间来解释吧。

《拿着鲜花、高顶礼帽和雨伞，打扮得像绅士一样的青蛙》。作者：佚名，1900 年

鸟类没有皮毛，只有羽毛，所有的鸟都有羽毛，这是它们的特点。羽毛有几大重要的作用。柔软蓬松的羽毛贴近鸟的皮肤，有助于保温。对于水鸟来说，最外层的羽毛是一道防水层，能够提供保护。大型鸟类的翅膀上的羽毛可以帮助翅膀塑形，同时非常轻盈，可以让鸟儿自由飞翔。除此以外，羽毛的颜色还是一种保护色。颜色各异的羽毛也是吸引伴侣的漂亮衣裳。

《雄性孔雀》，小原古邨，1925-1936 年

蛇都是黏糊糊的吗？

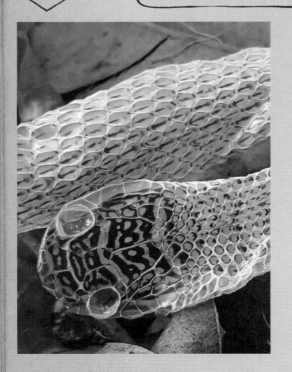

如果你摸过蛇，那你肯定会很惊讶地发现它们摸起来一点也不潮湿或者黏糊。和其他爬行动物（比如蠕虫或鼻涕虫）不一样，蛇的皮肤摸起来光溜溜的，很干爽，就像一张纸。但它们和其他爬行动物一样，被鳞片覆盖。鳞片是一片片或一节节的坚硬物质，有点像指甲。鳞片对蛇起着保护作用，帮助它们在滑动时贴住地面。

蜕下的蛇皮

属是由什么构成的?

犀牛根据种类不同，鼻子上有一个或两个角。据民间传说，犀牛角是一种神奇的东西，还能够治病，所以人们常常会因为想得到犀牛角而捕猎犀牛。但是犀牛角到底是什么呢? 犀牛角和其他动物的角一样，表皮是角质，不是骨头。犀牛角由角蛋白构成，我们的头发和指甲也由角蛋白构成，但构成犀牛角的角蛋白更为坚硬，成分与牛的蹄或者鹦鹉的喙接近。

《犀牛的蚀刻》，佩特鲁斯·康柏，1750 年

猫头鹰睡觉吗？

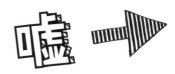

我们醒着的时候猫头鹰正在睡觉！

嘟——喂，嘟——呼呼呼！猫头鹰喜欢熬夜，别的鸟类都在树上休息睡觉时，它们却到处鸣叫并开始捕猎。

和猫头鹰一样在夜间活动的动物被称为夜行性动物。它们可以熬夜的原因很简单——**白天睡觉**。我们经常看不到猫头鹰睡觉，因为它们都缩在空心的树木里、大树的高枝上或是建筑物的角落里睡觉。每当夜幕降临，它们就会醒来寻找食物。

对于某些动物来说，夜行是必要的。它们可以在黑暗的掩护下捕猎或者**躲避危险**，可以在白天行动、晚上睡觉的昼行性动物睡觉时寻找食物，避免与它们竞争。在沙漠和热带地区，这也是躲避烈日的好方法。

在树干上呼呼大睡的猫头鹰

肚子空空的冬眠动物

　　许多动物都会冬眠,比如熊、臭鼬、蛇类、青蛙和蜥蜴等。
寒冬时节,它们进入一种类似昏睡的生理状态,几乎不吃
不喝,蜷缩在地洞、山洞或者树洞这些可以遮风挡雨的
地方。它们的身体放慢了新陈代谢,体温也随之降低,
不再需要那么多的能量,所以它们能够在这种状态下存
活。在秋季,需要冬眠的动物会尽可能地多吃来囤积脂肪,
这些脂肪可以在它们冬眠的时候提供能量。

亚洲异色瓢虫(也称长臂彩虹天牛),只有一年寿命,但冬天也会找个
干燥的地方休眠

工作的时候睡着了！

雨燕是一种小型鸟，它们生命的大部分时间都在飞翔，只有在筑巢和生宝宝时才会停下来休息。雨燕可以连续飞翔好几个月，完全不休息！但所有的动物都需要睡觉，那么它们是怎么睡觉的呢？科学家认为雨燕飞到高空以后，会停下来在慢慢低滑的过程中打个盹儿，在快落到地面前就会醒过来。

常见的雨燕

猫咪打盹

如果你养了一只猫，就会发现猫咪很喜欢打瞌睡——尤其是在温暖舒适的地方。事实上，猫可以一天睡上16到20个小时。在野外，猫科动物是凶猛的猎手，跟踪、追捕和突袭猎物都是它们的强项。这会消耗太多的体力。所以在不需要追捕猎物（或者享受美食）的时候，它们本能地需要找个温暖的地方偷偷懒来补充体力。

《睡着的猫咪》，作者：佚名，1650年

动物需要地图吗?

每年秋天，数百万只帝王蝶从加拿大和美国北部迁徙到美国南部各州和墨西哥部分地区。

迁徙是一种特殊的动物行为。随着季节的变化，动物从一个地方去到另一个地方，通常是因为它们需要找寻食物或避寒。很多动物都会迁徙，帝王蝶便是其中的一种。它们的特别之处在于，秋季南飞的和春季北飞的**并不是**同一批帝王蝶。帝王蝶在迁徙之后的夏季会交配产卵，之后它们就会死去，代代如此。

看 →

这些**蝴蝶**在互相给对方指路吗?

往回迁徙的可能是之前帝王蝶的曾孙辈! 它们需要飞回到它们曾祖父母出生的地方。可是它们是怎么知道要飞去哪里呢? 没人知道确切的答案。可能它们可以感知地球的**磁场**，或是在路上看到**地标**，又或者它们能够闻到往北迁徙的蝴蝶留下的**气味**——也可能以上这些方法都用上了。

正在迁往墨西哥中部的帝王蝶

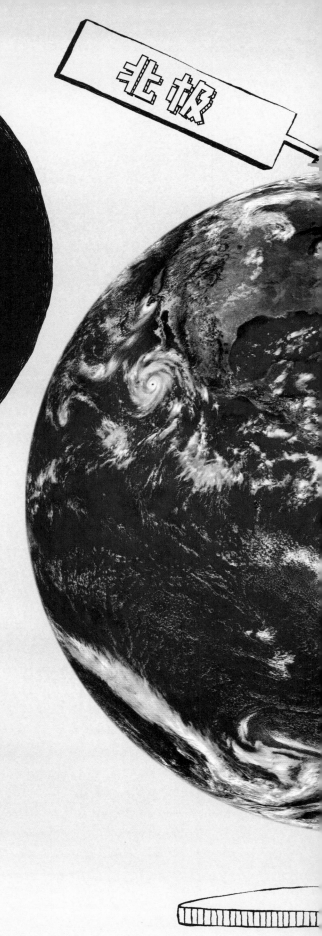

进食与繁殖

棱皮龟是迁徙高手。它们的迁徙路线横跨太平洋——它们从印度尼西亚游到太平洋另一边的加利福尼亚，去吃最喜爱的食物——水母，然后再原路游回去，在温暖的热带沙滩上交配繁殖。这趟旅程来回大约 2 万千米呢!

动物会迷路吗？

迁徙动物们擅长利用太阳、月亮、地球的磁场以及自己的视觉或嗅觉来寻找方向。但它们的方向感也不是百分之百准确，有些还是会在漫长的旅途中迷失方向。鸟类尤其如此，因为它们可能会被大风吹离航线。有时，鸟儿会偏离迁徙路线，出现在远离栖息地的地方。不过迷路有时也未必是坏事，它会让动物们在一个全新的地方建立起新的家园!

世界纪录

棱皮龟可以游很远，但它还不是最厉害的，迁徙冠军是一种名叫北极燕鸥的鸟儿。虽然说南极和北极一年四季都是冰天雪地，可以说是四季都是冬天，但是每年 6-8 月份是北极最暖和的季节，也可以算是北极的夏天，而这个时候刚好是南极附近最冷的冬季。到了 12 月到次年 3 月则恰恰相反，是北极最冷、南极最暖的季节。北极燕鸥喜欢在这两个地区度夏。所以它们每年都会在两个极地之间迁徙，往返距离大约有 7 万千米！

南极

上图 北极燕鸥
中间 从太空拍摄的地球照片，
美国国家航空航天局
右下 棱皮龟

动物也要便便吗？

有进就必须有出！总有一些东西必须要排出体外。

动物的身体会把吃下去的食物分解成小块，然后从中吸收有用的成分。但是总有些多余的部分是动物的身体**不需要**的，这些废物集中在动物的肠道或者其他食物会通过的通道中，变成便便。动物的便便里有肠子里面的细菌、一些水分和体内产生的其他废物。

小心→

飞来的便便！

有些动物的便便有特殊的用处。例如，白犀牛会在自己的**领地边缘**留下便便，提示其他动物不要侵犯；雌性田鹬把便便射向捕食性动物来**保护**自己的蛋。

人类讨厌便便的臭味，因为便便里有细菌，如果进入我们的嘴里就会伤害我们的身体。因为人类已经**进化**了，所以会觉得便便很恶心，会远离便便，但是有些动物可没有那么在意！

田鹬

云力物会出汗吗？

请翻到第42页

65

一堆便便

我们经常会看到狗的便便或者牛的便便被嗡嗡的苍蝇层层围住，这是因为便便就是苍蝇的食物。虽然便便是动物排泄出来的废物，但是它包含一些对其他生物有用的化学成分。苍蝇喜欢腐烂的、黏糊糊的食物，它们以便便中的细菌还有少量植物和肉的残渣来维持生存，并在便便里产卵。这样一来，只要幼虫孵化，就有一顿大餐在等着它们！蜣螂还有一个名字叫"屎壳郎"，顾名思义，它们也吃便便。它们还会把便便弄成球状，滚回家里和家人分享。

一只正在滚粪球的屎壳郎

臭烘烘的点心

可能我们在动物园里看到过这样一种奇怪的景象——大猩猩或黑猩猩在吃自己的便便，就像在吃美味的香蕉一样。看起来好恶心，但事实上有些动物就是这样。它们经常努力地从便便中获得更多有用的食物，所以会在一堆便便里把这些食物找出来再吃一次。便便里可能含有维生素、种子或者动物们需要但是不能一次性消化的其他东西。

在野外，大猩猩几乎一整天都在吃，所以它们吃便便的另一个原因可能就是这种点心可以让它们不停嘴地吃吃吃，大猩猩喜欢这样！

《猴子的画像》，作者：佚名，1777 年

脏脏的嘴巴

大部分的动物用嘴吃东西，用屁屁排便便。但是有些动物没有屁屁！海葵和它的亲戚水母、珊瑚以及水螅的消化系统都只有一个进出口。所以它们用这个口吃东西，消化了以后，把废物再从这个口里排出去。幸运的是它们好像对味道不太介意！

海葵正在吞食一条鱼

为什么我们和动物生活在一起？

对我们来说，养宠物和骑马再平常不过了。但是，我们是怎么和其他物种变得这么亲密的呢？

人类一直把其他动物当作食物。渐渐地，为了能更容易地得到它们的肉、毛皮和蛋，我们开始**驯养**并且**照看**它们。

我们开始养马和骑马，也会养猫和狗。猫和狗是人类的朋友，可以抓**老鼠**或帮我们**打猎**。

想一想

你会和哪种动物自拍呢？

这些动物一开始的时候都是野生动物，但是随着时间的推移，人类一代一代选择最有用的动物——比如最听话的狗狗或者跑得最快的马，让它们生出后代，这就是**选择育种**，也是**生物进化**的一种方式。慢慢地，野生动物就变成了家养动物，比如宠物、家禽和家畜。它们对我们的帮助更大了，也更适应和我们生活在一起，我们也习惯了它们的陪伴。现在，人类和动物经常亲密地生活在一块儿。

《抱貂的女士像》，莱奥纳多·达·芬奇，
1489 - 1490 年

赛马

　　家养动物不仅可以是宠物、家禽和家畜，还可以参加运动比赛，比如马就可以参加赛马、越野障碍赛马和盛装舞步（花样骑术的一种）等运动比赛。它们的精彩表演实在是太神奇了！有些动物非常聪明，特别是马和狗，经过训练以后它们会听从骑手或主人的指示，可以执行任务或表演。同样，我们还可以训练警马、导盲犬和搜救犬。

一只来自安达卢西亚的马正在练习盛装舞步

圈养的羊能在野外生存下来吗？

　　恐怕不行！圈养的绵羊是由强壮又勇敢的野羊驯化而来的，野羊拥有很大的角、锋利的蹄以及惊人的攀爬技巧，擅于躲避危险。农民有选择性地育种，使野羊变得更加温和、体形更小、更温顺，这样就更容易圈养，所以家养的绵羊在野外可能很难生存。另外，农民还要把绵羊养得毛茸茸的，这样就可以剪羊毛来做衣服。如果没人帮它们剪毛，它们很可能会热死！

被桶盖住了头的绵羊

狗狗之间的
不同

短腿的腊肠犬、毛茸茸的㹴犬和跑得很快又凶猛的德国牧羊犬都是宠物犬。事实上，它们都属于同一类物种，但看起来却一点也不一样，这是因为人工选择育种的缘故。通过育种人类把狼驯化成了狗，帮助人类完成各种工作，包括打猎、看家、赶羊或是做一只体贴又惹人爱的宠物。经过一代一代的选择，野狼就变成了今天我们家里养的不同品种的狗。

《狗》，L.F.蔻施和J.F.卡泽纳夫仿福提画作，创作时间不明

蛇有肚脐眼吗?

如果你画蛇、恐龙、鸟或者鱼，千万不要给它们画上肚脐眼!

　　为什么呢? 因为只有**哺乳动物**才有肚脐眼(正式的名字是肚脐)。大部分的哺乳动物，比如人类、猫、马和大象，出生之前都在妈妈的肚子里发育。妈妈身体中的一个器官——**胎盘**通过一根管子与胎儿肚子相连，为胎儿提供**营养**。出生以后，这根管子脱落，就形成了肚脐眼，其实这是一种**疤痕**。

不是 →

所有的肚脐都是可以盯着看的!

　　大部分的蛇和其他爬行动物，还有鸟和鱼，都是通过下蛋或产卵的方式繁殖后代。但是有一些爬行动物，包括某些蛇类，还有鱼类，可以像人类一样直接生出宝宝。这类动物中还有一些在刚刚出生的时候有像肚脐眼一样的东西，连接着它们的蛋或卵，或妈妈身体，这些刚出生的宝宝们借此来获得营养物质。这样的东西一般很快就会**消失**，我们基本上看不到，但短吻鳄的肚脐眼是能看到的。它的肚脐眼是一小块**鳞片**，这块鳞片就是之前和蛋相连的部分。

小短吻鳄

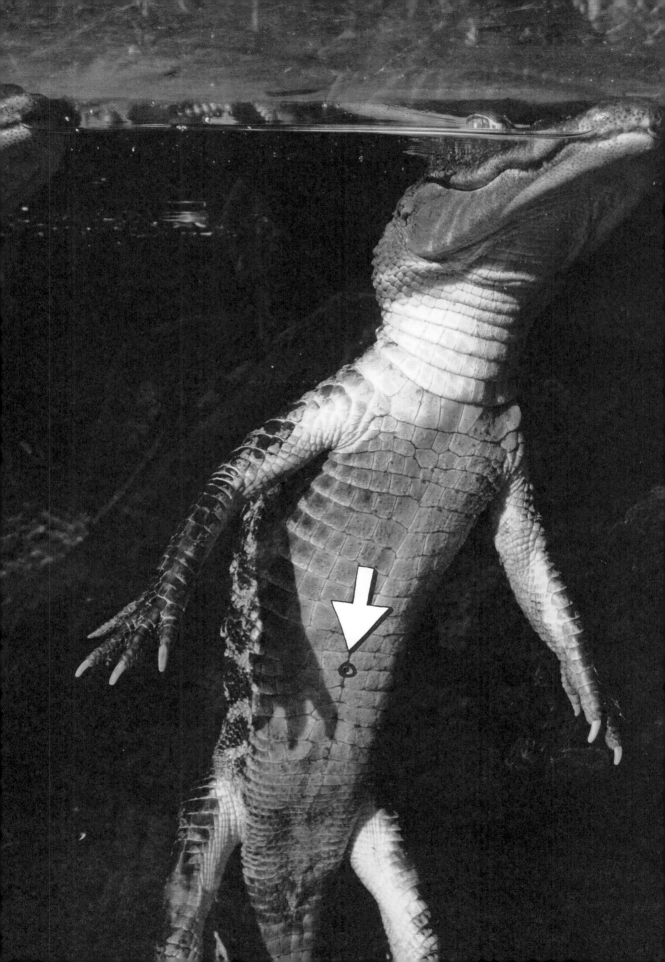

夜空中会飞的光

夜晚的时候，你可能会在沼泽或潮湿的地方看到光点在空中闪过，那是萤火虫，甲虫的一种。雄性萤火虫飞来飞去，尾部闪着光，在空中划出各种图案，而雌性萤火虫则在一旁看着，如果想要与哪一只交配，尾部也会发光作为回应。

可以自己发光的生物叫作发光生物。发光生物还包括某些鲨鱼、乌贼和蜈蚣等。

日本森林里的萤火虫

为什么蛋的形状是这样的？

许多动物，尤其是鸟类，通过下蛋的方式生育后代。在孵化以前，蛋壳能保护里面的宝宝。鸟蛋的外壳通常十分坚硬，呈尖的椭圆形状，形成了双重保护。首先，整个蛋壳的结构非常牢固，可以承受成年鸟坐在蛋上的重量。其次，如果鸟蛋滚动的话，蛋的形状会让它原地打圈圈，避免丢失。

不是所有的蛋和卵都是这种形状的，海龟的蛋就是圆形，苍蝇的卵形状像香肠。

海鸽的蛋（上）、金翼啄木鸟的蛋（中）和篱雀的蛋（下）

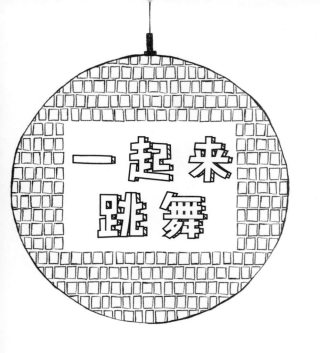

一起来跳舞

蓝脚鲣鸟是一种海鸟，它们的舞姿是动物王国中最蠢萌的景观之一。在交配生育前，雄性蓝脚鲣鸟和雌性蓝脚鲣鸟会一起跳一支舞来求爱。跳这支舞的时候，它们将喙朝向天空，轻轻摆动，交替着抬起脚丫子，炫耀脚上漂亮又鲜艳的蓝色。

许多动物都有求偶表演，展现自己的色彩、力量或者体形。表现最好的就最有可能赢得伴侣的心，从而获得交配的权利。

正在跳舞的蓝脚鲣鸟

第一个
给奶牛
挤奶的
是谁呢？

没有人知道第一个给奶牛挤奶的是谁，因为这是几千年以前的事情了。

我们都知道人类的妈妈会给自己的宝宝**喂奶**，也看到过牛妈妈给牛宝宝喂奶。于是人们就决定试试看能不能把牛妈妈的奶做成人类宝宝的食物，或者在缺少其他食物的时候将牛奶作为食物。然后人们就用牛奶制作了各种食品，比如**黄油**和**芝士**。我们饲养山羊、绵羊甚至牦牛也是为了用它们的奶制作食物。

看
这只小牛犊
不愿意分享！

《牧人在挤奶而他的妻子在拉住小牛犊》，
作者：佚名，1690 年

人类不是唯一一个从其他动物那里获得好处的物种。有些种类的蚂蚁会保护一种比蚂蚁还小的蚜虫，帮助蚜虫获得食物,然后蚂蚁会轻轻地按压蚜虫，让它们排出一种透明的甜味液体——**蜜露**,作为蚂蚁自己的食物。

我的猫可以只吃素吗？
请翻到第 24 页

为什么企鹅宝宝要吃吐出来的食物呢？

南极洲的帝企鹅会在极寒的冰上下蛋，这些地方通常远离海洋。企鹅爸爸把蛋放在脚上保持它们的温度，孵化企鹅蛋，而企鹅妈妈则去海里寻找食物。企鹅妈妈回来以后，会把已经吞下去的、变成糊状的鱼肉反刍回嘴里，喂给宝宝。这听起来可能有点恶心，但企鹅宝宝并不介意呢！这是它们饱餐一顿的最好方式。

帝企鹅和它的幼崽

孤身一人的旅程

哺乳类动物的妈妈会给自己的宝宝喂奶，鸟类会花很长的时间为宝宝找食物。但不是所有的动物都会喂养自己的宝宝，有些动物从一出生就需要自己照顾自己。比如鲨鱼、蝴蝶、青蛙和鬣蜥，它们的妈妈生下宝宝或产卵以后就离开了，任由宝宝自由生长或蛋蛋自己孵化。宝宝一来到这个世上就需要自己寻找食物和躲避危险，没有爸爸妈妈教它们应该怎么做。

刚孵化的鬣蜥

杜鹃鸟，也叫布谷鸟，会耍计谋来欺骗其他鸟类。杜鹃妈妈从不自己照看鸟蛋，而是会把蛋下在别的鸟的巢里，比如布氏苇莺或篱雀的巢。狡猾的杜鹃鸟可不是随便找一个鸟窝来下蛋的，它们会把目标锁定在下蛋和孵化时间与自己相近，食物喜好、鸟蛋形状和颜色与自己的相仿的鸟类。被选中的鸟叫作"寄主鸟"。趁寄主鸟不在家的时候杜鹃鸟就偷偷进去下蛋。主人回来以后就会以为杜鹃鸟下的蛋是自己的蛋，对它们悉心保护。待杜鹃雏鸟孵出来后，主人会发现杜鹃雏鸟的体形比自己的还大，但也会照样喂养它们。太狡诈了！

鸟儿的 狡诈

一只在寄主鸟巢里的杜鹃雏鸟

鸟儿能飞，为什么我不能？

人类一直想要像鸟儿一样飞翔。我们尝试过制作覆盖着羽毛的翅膀，绑在手臂上，可这行不通，我们还是飞不起来！

这是因为鸟类的**身体构造**就是为飞翔而生的，人类的却不是。鸟的翅膀相对于它们的身体来说是非常巨大的，可以给它们提供足够的飞翔**动力**。鸟的骨头不仅大，而且是中空的，这让它们的体重非常轻。另外，鸟的胸部由强壮的肌肉构成，可以控制翅膀并让翅膀充满力量。

《新伊卡洛斯》让·雅克·格朗维尔，1840 年

啊，不！ ➡
他是在**飞翔**还是在**坠落**？

人类并不具备以上这些特质，仅仅挥动臂膀是不可能飞起来的，所以我们用自己的智慧发明了飞机。

当然，有些鸟也**飞不起来**，比如企鹅、鸵鸟和鸮鹦鹉（新西兰的一种鹦鹉）。这是因为它们的身体在进化中变得越来越重，相对的，翅膀就越来越小。

蜂鸟是怎么盘旋的？

蜂鸟是一种小型鸟，最早在美洲被发现。令人惊讶的是，它们可以像直升机一样完美地悬停在半空中，把嘴伸进花朵中吸食甜甜的花蜜。因为它们在盘旋时，翅膀不是简单地上下挥动，而是像在画数字"8"，这就意味着对每个方向的推力是一样的，可以保持飞的时候身体完全不动。

蜂鸟飞行轨迹

嗡嗡嗡！嗡嗡嗡！

只要听到房间里有嗡嗡声，我们就知道是有苍蝇、蜜蜂或者黄蜂被困在房间里了。如果房间里有蚊子，那我们就会听到更尖的嗡嗡声。这些声音是昆虫翅膀快速振动发出的。家蝇的翅膀每秒可以上下振动200次左右，发出的是较低的嗡嗡声；蚊子翅膀的振动速度更快，每秒高达600次。振动的速度越快，发出的声音音调就会越高。

苍蝇起飞的主要步骤

只有鸟、昆虫和蝙蝠可以实现真正的飞翔。然而，我们也会看到有一些其他动物在空中飞过，比如蛇、松鼠、青蛙、蜥蜴和鱼！它们其实是在滑翔！它们不能向上飞或者飞太远，但是它们可以张开鱼鳍或者脚上、身体上的一层薄薄的皮肤膜，帮助它们在一跃起飞之后滑翔一小段距离。还有一些动物可以滑翔得更远，如蜜袋鼯可以滑翔200米（请翻到第18页）。

《一只飞鱼》，J. W. 温尼普，创作时间不明

汪汪汪
是什么意思?

想象一下——你的狗狗忽然向你跑过来，对你说："我们去散步吧！"

狗狗和大多数其他动物一样，不能像人类这样发声说话。它们的喉咙和嘴巴的**形状**都跟人类不一样，并缺少一些说话所需的**必要部分**，所以不能发出和人类一样的声音。

但是狗狗能够实现交流，它们可以和你或者其他狗狗**分享**信息。狗狗的主人可以通过解读狗狗的**面部**

你觉得
这只狗狗想说什么？

会算数的德国牧羊犬丽塔

表情来知道它现在是兴奋还是害怕。狗狗也会通过呜咽、吠叫或者吼叫来表达自己，比如"我饿了""你好，你是谁？！"或者"离我远点儿！"，而摇尾巴是它们**开心**的表现。

狗狗之间的交流方式也是这样，它们会用自己的**行为**和**叫声**来表明自己是友好、好奇还是生气。大部分的动物都有和同类彼此"交谈"的方法。

快点儿！

能说会道

鹦鹉可以开口说话。在野外，它们群居生活，通过模仿其他鹦鹉的叫声学会发出其他不同种类的声音。宠物鹦鹉也是一样，它们能够模仿听到的声音——比如人类的说话声。鹦鹉的舌头很大，可以灵活转动来模仿人类说话的声音。但鹦鹉知道自己说的是什么意思吗？不一定。不过有一只名叫亚历克斯的鹦鹉学会了100个词的意思，也学会了讨要它想要的东西："亚历克斯想吃薄脆饼干了！"

动物园里的一只会说话的黄颈鹦鹉

动物会传递信息吗？

如果我们想要告诉别人一些事情，但是他们又不在身边，可以写个纸条或者发个短信给他们。动物虽然不能这样做，但它们也可以发送信号。如果一只蚂蚁找到了食物，就会留下一道有特殊气味的痕迹，让其他的蚂蚁可以跟随气味找到食物。老虎会在自己的领土边缘尿尿和便便，留下带有自己气息的痕迹，这样别的老虎就知道要离这个地方远一点。

蚂蚁士兵留下一道有气味的痕迹

鲸有一项举世闻名的本领，它们会用歌唱的方式来交流，时而欢呼、时而尖叫、时而咕哝。雄性座头鲸尤其擅长歌唱，它们开始唱歌的时候往往会抬起前鳍。我们很难知道它们到底唱的是什么，但科学家认为雄鲸唱歌是为了吸引雌鲸进行交配，歌声想要传达的意思大概是："请听听我动人的歌喉吧！我会是你的完美丈夫！"因为水中的声音可以传到很远的地方，所以许多雌鲸都能听到它们的歌声。

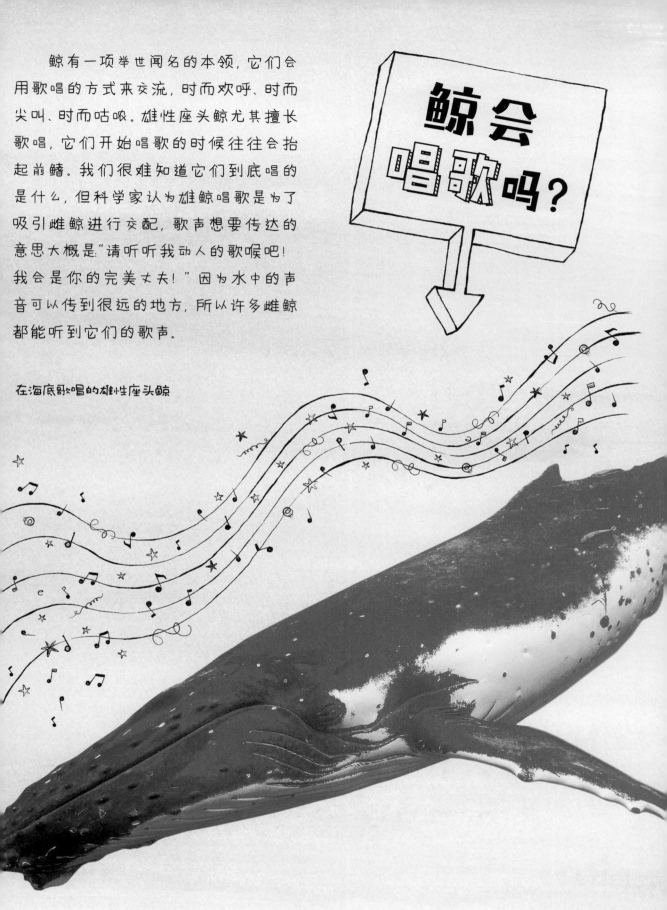

鲸会唱歌吗？

在海底歌唱的雄性座头鲸

大象从不遗忘？

老话说："大象从不遗忘。"大象的记忆力真的有这么好吗？

　　大象是非常**聪明**的动物，野生大象可以存活长达 70 年。为了生存，它们必须不断学习并记住某些事情，比如在干旱季节哪里可以找到水喝。大象是群居动物，一个象群通常由年纪较大的**母象**充当首领，它被称为"**女族长**"。

　　科学家发现，"女族长"的**年龄**越大，它带领的象群生存的几率就越高，因为它学习并记住了更多有用的东西！

想一想→

大象怎么知道去哪里找水喝呢？

　　大象也能记住其他大象。它们能够记住自己群体里面的所有大象，还能认出之前见过的大象，并和它们打招呼。动物园里的大象也能认出管理员和驯兽师。如果管理员或驯兽师曾经对它们非常友善，即便是多年以后再见面，大象还是会很开心地跟他们**打招呼**。

《一队大象》，简·卡斯帕·菲利普斯，1727 年

像人类学习的动物

有些动物经过训练后可以完成非常复杂的任务，与人类一起工作。宠物会到屋外或专用的盒子里大小便，鹦鹉也能开口说话。最不可思议的例子是一只叫坎齐的倭黑猩猩，也就是侏儒黑猩猩。它是人工饲养的,学习了许多人类的技能。坎齐认识200多个单词，并会用手指指向每个词对应的符号来表达自己。它会生火，玩电子游戏，用石头制作工具，还会做简单的饭菜呢！

学习冲浪的狗狗

我们都知道人类是最聪明的动物。有些和我们非常相近的动物也非常聪明,比如黑猩猩,它们的大脑很发达。还有一些其他种类的动物在智力测试中拿了高分,它们可以解答谜题或制作和使用工具。比如章鱼、乌鸦、海豚、虎鲸、大象、小狗、松鼠和小猪等都是非常聪明的动物。

自作聪明！

《两只毛茸茸的松鼠,没错！》,
沃尔特·波特情景标本
作品,1880 年

　　我们发现动物一直在发明新方法来做自己想做的事情。在日本，一只狒猴会把野生马铃薯放在海水中蘸一蘸再吃，因为咸咸的海水会让马铃薯更好吃。其他的狒猴都照着它这么做！一群海豚发明了一种方式，它们会把地中海深海海绵（一种水生动物）放在自己的嘴里，这样在捕食时它们的嘴就不会被尖锐的珊瑚伤到。一些乌鸦已经知道把面包屑扔到水里来吸引鱼儿，然后抓鱼吃。

在洗马铃薯的狒猴

动物会发明创造吗？

词汇表

本能 动物的一种无意识的、天生就具备的行为。例如，鸟类会本能地为自己的蛋筑巢。

濒危动物 受到灭绝威胁的动物物种。

捕食者 猎食其他动物的一类动物。

冬眠 动物通过类似昏睡的生理状态保存能量度过冬季。

毒液 动物可咬或蜇刺猎物或天敌时排出的有毒物质。许多蛇、蜘蛛和蝎子都是有毒液的。

反刍 把已经吞下去的食物返回嘴里再次咀嚼。有些动物通过反刍来喂养幼崽。

浮游生物 漂浮在水中的微小植物和动物的总称。

花蜜 花朵中一种用来吸引昆虫的甜味液体。

回声定位 发出声音并依靠反弹的回声来探测目标和周围环境。蝙蝠和海豚都使用回声定位。

脊椎动物 有脊柱的动物，比如鱼、鸟或人类。

角蛋白 存在于许多动物体内的一种物质，帮助毛发、指甲、爪子、羽毛、蹄和角等身体部分的生长。

进化 生物体发生一系列变化以适应周围环境，并进而发展成为与先前类型有明显差异的种类的过程。

卡路里 能量单位，特指食物热量单位。

矿物质 自然界中一种纯净的无机物，比如铁、钻石、盐或石英。

猎物 被其他动物猎食的动物。

麻痹 让某个生物体无法动弹。

灭绝 不复存在。一个物种灭绝意味着属于这个物种的所有生物完全消失。

栖息地 生物体所栖居的地方或赖以生存的环境。动物都有其适合生存的自然栖息地。

鳃 鱼和一些两栖动物的呼吸器官，可以从水中获取氧气。

生态位 生物体所占据的自然空间及其在相关生物群落中所起的作用。每个动物物种通过进化都有自己独特的生态位。

生态系统 生物和它们的生活环境构成的整体。生态系统内的生物相互影响，相互依存。

生物发光 诸如昆虫、鱼类或乌贼等生物体的光发射现象。

食草动物 吃植物的一类动物。

食肉动物 以其他动物为食的一类动物。

食物链 生物之间一级一级地吃和被吃的关系（捕食关系）。

史前时期 有文字记载以前的时期。史前动物包括恐龙和剑齿虎等动物。

视网膜 眼球内部的一层细胞膜，可以接收光线并将信息传送到大脑。

水蒸气 气态的水，存在于空气以及动物呼出的气体中。

伪装 生物为了隐蔽自己而形成的与环境相似的形态或色彩。

无脊椎动物 没有脊柱的动物，比如章鱼或昆虫。

物种 生物分类单元，由同属某一特定类型的生物个体组成。同一物种的动物可以交配繁殖后代，且后代也属于这一类物种。

细菌 微小的单细胞生物群。

小行星 一种环绕太阳运动的岩石类天体。

选择育种 人为选择具有有益特性的生物进行喂养（帮助它们繁殖后代）。

驯化 对动物进行驯服和喂养，以使它们变为宠物、家禽或家畜。

氧气 动物生存呼吸必需的气体，存在于空气中。动物体内的细胞利用氧气把食物转化为能量。

夜行性动物 主要在夜间活动的动物。夜行性动物在白天休息或睡觉。

杂食动物 以植物和其他动物等各种东西为食的一类动物。

索引

本书图片来源声明及致谢

图书在版编目（CIP）数据

为什么鱼儿不会淹死？/（英）安娜·克莱伯恩著；王琼译.-北京：中国大百科全书出版社，2019.9
（爸爸妈妈请回答）
书名原文：Why Don't Fish Drown?
ISBN 978-7-5202-0525-2

Ⅰ.①为… Ⅱ.①安… ②王… Ⅲ.①动物-青少年读物Ⅳ.①Q95-49

中国版本图书馆CIP数据核字（2019）第150655号

图字：01-2019-3483

Published by arrangement with Thames & Hudson Ltd, London
Why don't fish drown? © 2017 Thames & Hudson Ltd, London
Texts by Anna Claybourne
Original illustrations by Claire Goble
Designed by Anna Perotti at By The Sky Design
This edition first published in China in 2019 by Encyclopedia of China
Publishing House Co., Ltd, Beijing
Chinese edition © 2019 Encyclopedia of China Publishing House Co., Ltd.

本书中文简体版版权归中国大百科全书出版社所有
爸爸妈妈请回答
为什么鱼儿不会淹死？
[英] 安娜·克莱伯恩 著
策　　划：马丽娜 冯 蕙
丛书责编：冯 蕙
责任编辑：冯 蕙 蒋 祚
翻　　译：王 琼
美术设计：殷金旭
技术编辑：贾跃荣
责任印制：邹景峰
中国大百科全书出版社出版发行
地址：北京市阜成门北大街17号　邮编：100037
电话：010-88390317
http://www.ecph.com.cn
新华书店经销
恒美印务（广州）有限公司印刷
开本：889×1194 1/16 印张：6 字数：135 千字
2019年9月第1版 2019年9月第1次印刷
ISBN 978-7-5202-0525-2
定价：68.00元